二十三代目豆助ファンブック

新紀元社

『豆助日記』（TVer で配信中）に登場する太郎くん

日本っていいな。

二十三代目豆助
撮影風景

ZOO

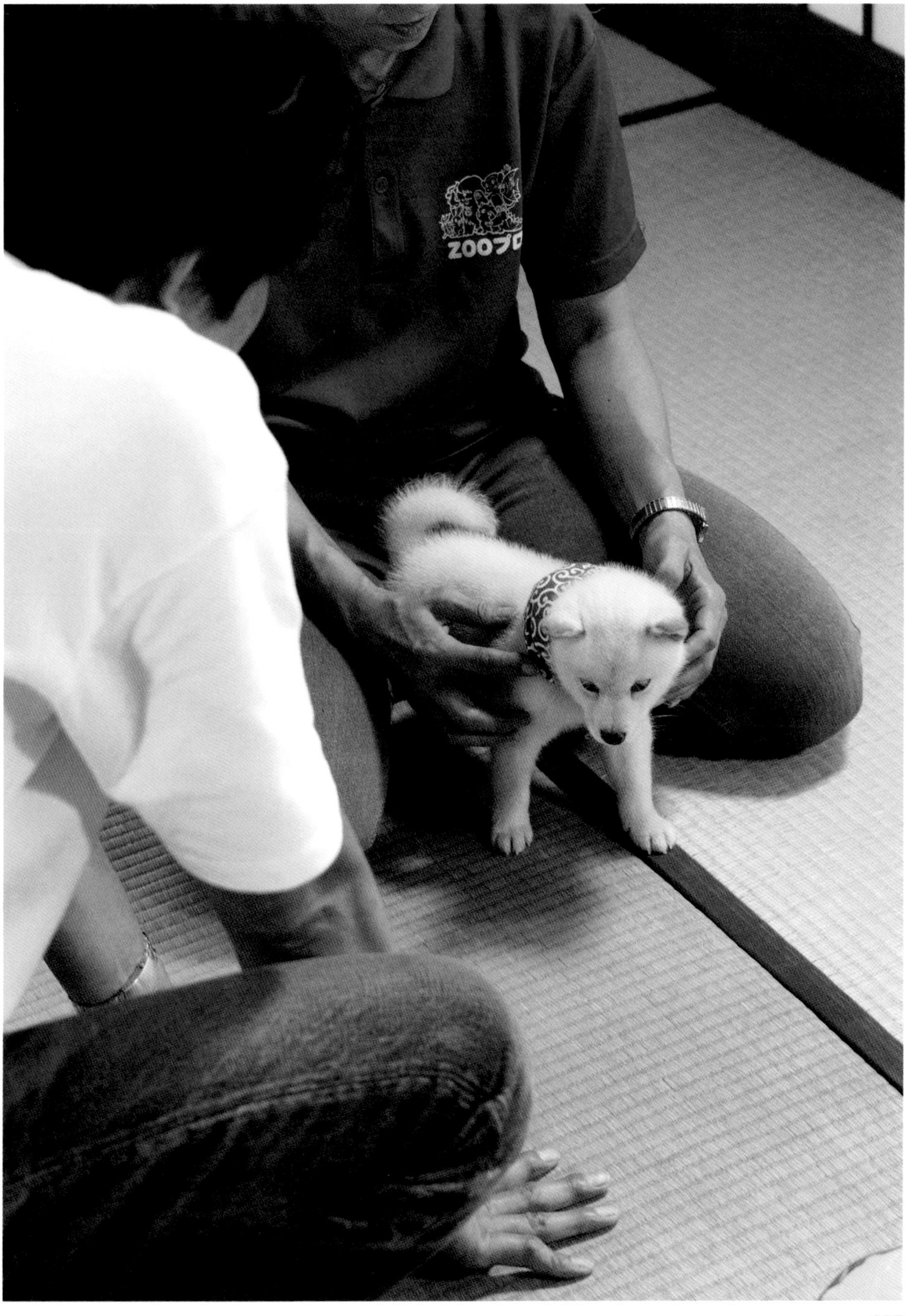
ZOOプロ

拝観は四時三十分
お入り下さい（五

ZOOプロ

SONY

二十三代目豆助の特徴

「二代目和風総本家」のマスコット犬・豆助は今回で二十三代目。

二十三代目豆助の特徴はなんといっても、豆助史上はじめての白い毛です。

2019年6月30日生まれの男の子。子犬なのにお昼寝する時間も惜しんで、元気いっぱい遊びます。学習能力が高く、階段の上り下りもすぐ覚えました。走るのも大好きです。物怖じせず、大物感がある二十三代目豆助です。

目

二十三代目豆助の目

二十二代目豆助の目

二十一代目豆助の目

耳

二十三代目豆助の耳

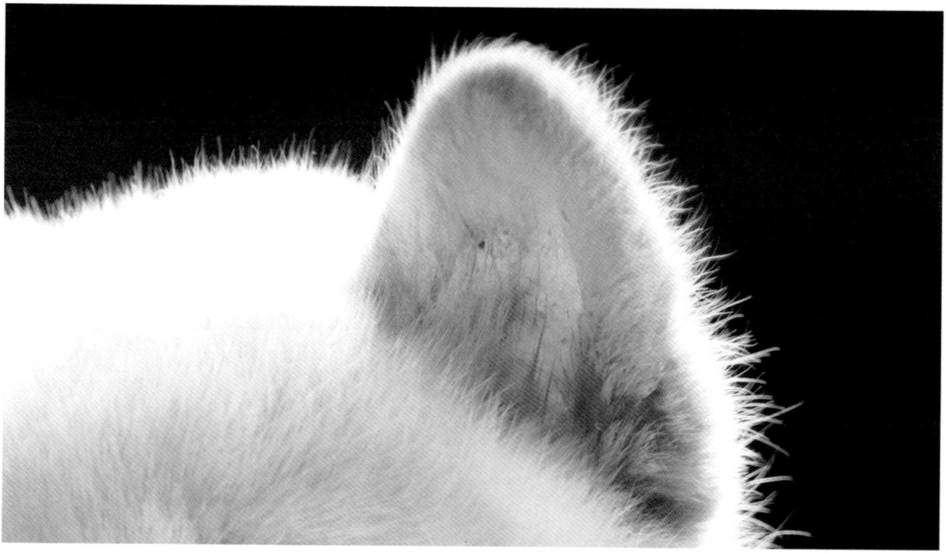

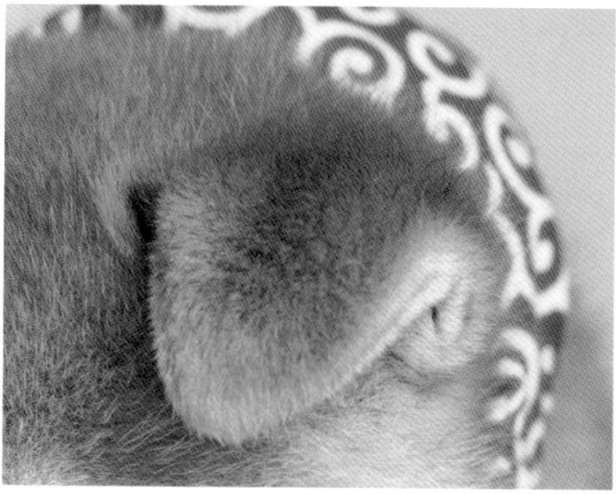

二十二代目豆助の耳

二十一代目豆助の耳

舌

二十三代目豆助の舌

二十二代目豆助の舌

二十一代目豆助の舌

肉球

二十三代目豆助の肉球

二十二代目豆助の肉球

二十一代目豆助の肉球

しっぽ

二十三代目豆助のしっぽ

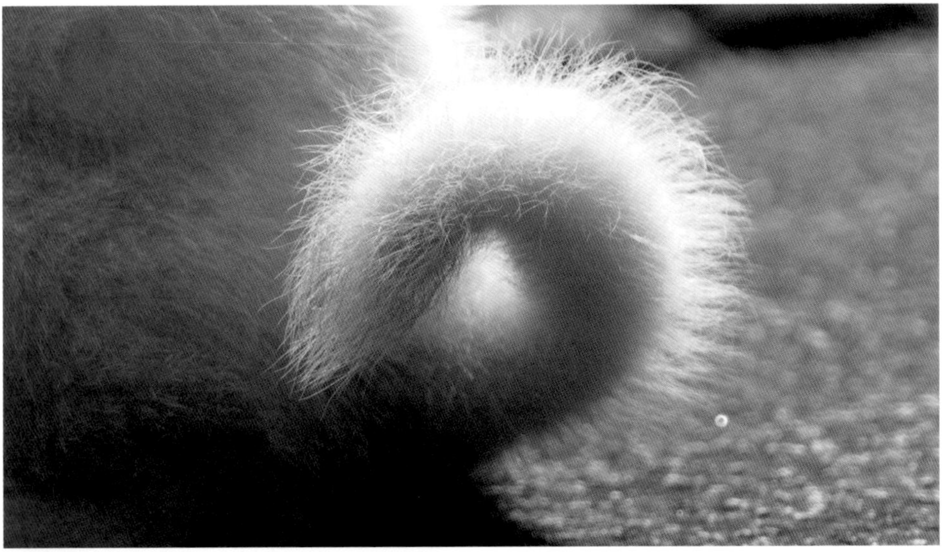

二十二代目豆助のしっぽ

二十一代目豆助のしっぽ

特別企画 我が家の豆助写真コンテスト入賞作品紹介

豆助
っていいな。
ペットの
写真
大募集!
は〜い
撮るよ〜
我が家の豆助
写真コンテスト
Camera
二代目
和風
総本家
ペットの種類は
問いません!
パンダナ・リボンなんでもOk!

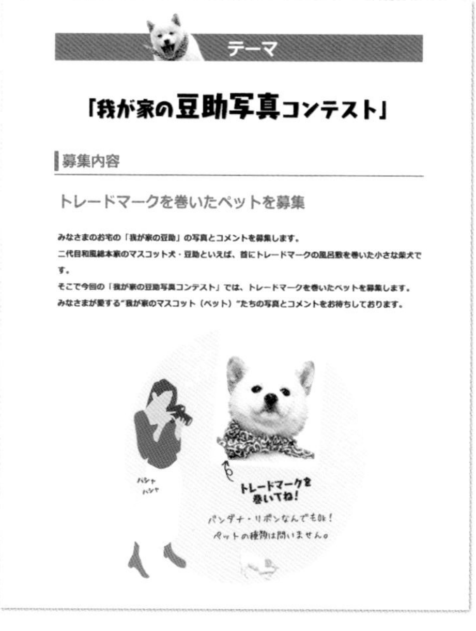
テーマ
「我が家の豆助写真コンテスト」
募集内容
トレードマークを巻いたペットを募集
みなさまのお宅の「我が家の豆助」の写真とコメントを募集します。
二代目和風総本家のマスコット犬・豆助といえば、首にトレードマークの風呂敷を巻いた小さな柴犬です。
そこで今回の「我が家の豆助写真コンテスト」では、トレードマークを巻いたペットを募集します。
みなさまが愛する"我が家のマスコット（ペット）"たちの写真とコメントをお待ちしております。
パシャ
パシャ
トレードマークを
巻いてね!
パンダナ・リボンなんでもOk!
ペットの種類は問いません。

二代目和風総本家のマスコット犬、豆助のトレードマークといえば、なんといっても、首に巻かれた風呂敷です。このとっても可愛いトレードマークにあやかって、「我が家の豆助写真コンテスト」が開催されました。

本コンテストのテーマは、トレードマークを巻いた、みなさまが愛する“我が家のマスコット（ペット）”。トレードマークは、バンダナ、リボンなど、首に巻くものなら、なんでもOK!　さらに、ペットの種類も問わない、楽しいコンテストでした。

ここでは、選りすぐりの入賞作品10作品を紹介します。

応募者：でーら

お名前：**ちゃちゃ**

応募コメント：頭に被っているはずが、、、、笑。

応募者：よっしん

お名前：**高太郎**

応募コメント：豆助と同じ風呂敷探しましたがみつからず、ワンコ友達からもらった、柴田部長のおリボンを思い出し、撮影しました。

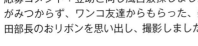

応募者：たつ

お名前：**まる**

応募コメント：いつもお世話になっているペットサロンでつけてもらいました。

応募者：けんじい

お名前：**小夏**

応募コメント：2002年夏に生まれて間もなく動物愛護団体から我が家にきたので小夏と名付けました。女の子ですが黒いので赤い首輪とバンダナを着けました。写真は2010年のXmasです。晩年、太腿に腫瘍ができ2017年11月に私達夫婦の顔を見てスッと逝きました。

応募者：れの

お名前：**ツナ**

応募コメント：いつも膝の上に乗ってきてゴロゴロ言うてます。

応募者：滝ノ道ゆずる

お名前：**小夏**

応募コメント：銀杏の落ち葉と柴犬。

応募者：幸福ママ

お名前：**幸＆福**

応募コメント：トリミングが大好きな幸と福。今日も綺麗にしてもらって、ご機嫌さん。ふわふわモコモコになると、喜んでくれます。

応募者：デジ

お名前：**ジョニー**

応募コメント：クリスマスのお菓子についていた飾りをジョニーに着けたら、可愛いかったので写真を撮りました。

応募者：豆父

お名前：**豆助**

応募コメント：６才の柴犬の女の子、なのに名前は豆助です。我が家に迎える際に飼いやすい女の子で、しかも可愛い柴犬の名前で一番有名な名前の豆助を勝手に頂きました。女の子なのに珍しい名前のお陰で、沢山の方々に覚えてもらえて、可愛いがってもらっています。

応募者：凛々

お名前：**ルル**

応募コメント：だーい嫌いなトリミングから帰ってきて皆んなに可愛いと言われて照れているの。

テレビで豆助に会える！

『二代目 和風総本家』テレビ大阪製作・テレビ東京系全国ネット

毎週木曜　よる9時　放送中

日本に関する様々なことを取り上げる「和風総本家」。

四季折々の美しい風景、先人たちが築き上げてきた伝統や風習、世界に誇れる文化など……知っているようで知らない、知るとちょっと得した気分になる……そんな「ニッポン」を紹介！

“ニッポンの良さ”を伝え語り継ぐ、和の心がたっぷり詰まった番組です。

「豆助」は、今では番組を飛び出して、写真集やDVD、ぬいぐるみ、カレンダーなどでも活躍中です！

◉出演
司会：前田吟 ／ 萬田久子　東貴博　鈴木福

◆ 23代目豆助 twitter
https://twitter.com/wafu_mamesuke

二代目 和風総本家 豆助
2020年 カレンダー 卓上
本体価格：1,000円（税別）

番組で使用している美しい音楽を収録！
【和風総本家】サウンドトラックCD
本体価格：2,400円（税別）

大人気豆助がDVDになって登場！
【和風総本家】「豆助っていいな。⑥」DVD
本体価格：2,800円（税別）

〈番組HP〉

二十三代目豆助
ファンブック

2020年2月10日　初版発行

監修　テレビ大阪
撮影　森下泰樹（jester）
撮影協力　ZOO動物プロ

編集　新紀元社 編集部
デザイン・DTP　新紀元社 装丁室

発行者　田村環
発行所　株式会社新紀元社
〒101-0054 東京都千代田区神田錦町1-7 錦町一丁目ビル2F
TEL：03-3219-0921　FAX：03-3219-0922
http://www.shinkigensha.co.jp/
郵便振替　00110-4-27618
印刷・製本　中央精版印刷株式会社

定価はカバーに記載しています。
落丁、乱丁本はお取り換えいたします。

ISBN978-4-7753-1809-6
Printed in Japan